室內綠設計生態缸

從栽培、造景到飼養動物一本搞定！

生態缸，是一種透過玻璃箱等容器培育植物的景觀設計。

在一個小小的箱子裡，利用石頭、漂流木、專用人工素材等打造出美不勝收的植物美景。

如果由你主導，你會用什麼樣的植物，創造出什麼樣的景色呢？

用生態缸栽培植物的一大優點，便是溼度與溫度很好管控。很適合偏好潮溼，且很怕冷的熱帶性植物生存。現今市面上有許多適合生態缸的植物，消費者能夠藉由挑選葉片形狀、色彩與紋路等各具特色的植物加以妝點自己的作品。

CONTENTS

室內綠設計生態缸
從栽培、造景到飼養動物一本搞定！

各種型態的
生態缸

這邊要介紹五花八門的生態缸搭配，從掌心尺寸的小容器，到大型的
生態缸專用箱，應有盡有。可以種植喜歡的植物當主角，或是配置成
令人聯想到遼闊景色的模樣，生態缸能夠表現出的型態非常豐富。

Arrange

用小容器打造的生態缸

用小型玻璃容器或小水缸打造生態缸時，應盡量選擇小型植物並善加配置，才能夠在狹窄空間中，開拓出具遼闊感的景色。

用附蓋玻璃容器打造的
養苔瓶

01

　　用包氏白髮苔打造的養苔瓶。在附有蓋子的玻璃容器（GLASS POT MARU／AQUA DESIGN AMANO／Φ95×H14.6㎝）中放入土壤Aqua soil，接著配置軟木樹皮與龍王石。底部或背面放入造形材後再貼上包氏白髮苔即可。

　　這裡的關鍵是以軟木樹皮與石材打造出懸崖，形成具高低差的景色。包氏白髮苔是為假山增色的綠意。此容器附有蓋子能夠維持內部溼度，使苔類植物維持良好狀態，建議擺在沒有日光直射的明亮窗邊。

市面上也有許多適合小型
生態缸的LED燈可選購。

同時品味兩種美景的
小型生態缸

這個作品運用了能夠組合兩個玻璃容器的道具
（左·Bamboo Bottle SR2 ╱ W25.5×D12.5×H21.5㎝、
右·Bamboo Bottle S2 ╱ W27×D11.5×H18㎝）。左頁
的圓柱狀作品，分別種植了包氏白髮苔與圓蓋陰石蕨、
鋸齒豔柳與小竹葉，表現出陸地與水中兩種不同的世界
觀，能夠同時欣賞不同的植物。右頁的作品則由左右兩
邊共同組成同一幅風景，並運用帶有木材質感的石頭
（Wood Stone）打造出連綿山脈般的景色。

用小型水缸擷取
遼闊懸崖的局部景觀

使用了適合小型生態缸或水陸缸的附蓋水缸
（NEO GLASS AIR ／ AQUA DESIGN AMANO ／
左・W15×D15×H25cm、右・W20×D20×H20cm）。
大膽配置Wood Stone，打造出險峻的山崖景
色。

底砂使用Aqua soil，而石材打造的背景、
接縫與植物種植處，都使用了造形君（生態造景
塑形土）（PICUTA）。這種能夠自由塑造形狀，
也有助於培育植物的造形材，讓人得以挑戰繁複
的配置法。

植物有禾葉狸藻、辣椒榕、趴地矮珍珠、地
錢等，都是葉片很小也生長在水邊的類型。愈小
的植物，愈能夠襯托風景的壯闊。若有幫助植物
成長的LED燈就更方便了，另外要注意別讓水
乾掉。

活用漂流木線條的
小型生態缸

　　以天然素材的漂流木為主題，背面覆蓋造形材的小型生態缸。雖然使用的是小型水缸（crystal cube ／KOTOBUKI工藝／ W15×D15×H20 cm），卻擁有絕佳的自然氣息以及豐富的植物。

　　這邊的關鍵在於選擇尺寸適中的漂流木，擺成由遠至近流動的線條後，再將植物種在漂流木與地面相接處。本作品選擇了小鳳梨、網紋草、越橘葉蔓榕、小葉薜荔－園藝栽培種等，搭配一株紅葉類的植物，就能夠打造視覺焦點，藉由適度的變化醞釀出極佳氛圍。

極富空間深度的配置，
宛如從側面欣賞的景色

深度10cm的薄型水缸（Glassterior Fit 200／GEX／W20×D10×H20cm），主打能夠像書本般塞進縫隙。這裡藉此打造出彷彿從側面望去的有趣景色，同時也用兩個水缸組合成極富空間深度的景觀。

縱向配置黃虎石，再於縫隙填入造形材，並安排強壯的包氏白髮苔。前後都善用石頭，底材也選用白色化妝砂（LA PLATA SAND）以增加空間深度，雖然尺寸都很小卻值得細細品味。

藉燈光襯托的
鮮豔綠意

06

選擇附LED燈的玻璃容器（Mossarium Light LED）時，連昏暗場所也能夠種植苔類等植物。在圓柱形狀（Φ23×H33cm）或水滴形狀（Φ18×H25cm、Φ25×H31cm）的玻璃容器中，表現出綠意豐沛的自然景色，化身為客廳的最美裝飾。

附設的LED燈可以在暖色的橙光與冷色的藍光間自由調節，連亮度也能夠自在調控。此外，由於內部密閉程度很高，水分不易蒸發，再搭配適度的光線，就能夠讓植物維持良好的狀態並成長茁壯。這邊列出的作品共有三種型態，第一種用漂流木象徵樹根、第二種是仿效水邊景色所設計，最後一種則用軟木表現出懸崖。不管是哪一種，青苔等植物都生氣盎然，散發出鮮豔的色彩。

種滿了包氏白髮苔與小葉薜荔－園藝栽培種，並打造出具高低差的背景。

依水槽形狀變化的
缸內配置

市面上售有五花八門的水缸，尺寸齊全之餘還有縱長、橫長等形狀，都很適合拿來打造生態缸。在配置時建議活用水缸本身的形狀，底砂也不應鋪得平坦，應拉出斜坡或曲線，背景的造形材則可以延伸到側面，不要侷限在背面，藉此設計出兼具空間深度與複雜地形的生態缸。

左頁的作品使用了25×16×28cm的水缸（LEGLASS ／ KOTOBUKI工藝），製作時很重視高低差，所以在中間擺放石頭打造低窪區。缸中種植的是冷水花、小葉薜荔－園藝栽培種、越橘葉蔓榕、網紋草等。下圖的寬型水缸（LEGLASS F-40 ／ KOTOBUKI工藝／40×16×22cm）特徵是由左往右傾斜的緩坡，並種植了豐富的植物，包括小鳳梨、椒草、腎蕨類、冷水花、虎耳草、圓蓋陰石蕨等。

藉複雜的地形增加生態缸的層次。

用白色化妝石與石塊，打造出一條宛
如通往遠方的道路。

運用正方體水缸，
挑戰更豐富的變化

　　這是用邊長 25 cm的正方體水缸（crystal cube ／ KOTOBUKI 工藝）打造出的兩件作品。

　　左頁作品主要的植物是日本特有種中，葉紋相當優美的寒葵，其他還配置了短肋羽苔、圓蓋陰石蕨、黑木蕨等。中央保有少許空間布置山水石，藉由對比清晰的石頭與底砂，演繹出卓越的空間深度。右邊作品則藉軟木樹皮表現出寬闊景觀。左右配置軟木樹皮、中央則放膽去配置，形塑出斷崖峭壁間的山谷。這裡使用的植物僅苔類，分別是葉片細緻的包氏白髮苔，以及能夠直立伸高的大焰蘚。透過精挑細選的苔類植物，營造出更寬闊的空間感。

強調背面留白，營造整體空間深度。

09

施加小巧綠意的同時，
還原樹根隆起的氣勢

　　使用30cm的正方體水缸（crystal cube ／KOTOBUKI工藝），將偏大漂流木豎立在地面上，並設置往四面八方延伸的細枝漂流木，展現出樹根的豐富生命力。先在鋪設土壤時於中央安排隆起處，再配置熔岩石與主要的漂流木，接著將造形材覆蓋在土壤表面，最後貼上庭園白髮苔與大灰苔類，另外還種有椒草、小葉薜荔sp、匍莖榕、斑葉蘭、圓蓋陰石蕨等。適當運用會往天空延伸、具攀附性的草等具有各種特色的植物，就能夠表現出自然的美感。

藉專用玻璃容器
種植的雨林植物

　　這裡使用的是生態缸專用箱（Paluda-Mini／PLECO CORPORATION／W20×D20×H30㎝），適合種植熱帶雨林這類等需要充足水分的植物。雖然前面設有玻璃蓋，但是上方與前面都設有通風孔，能夠提供適度的空氣流動。

　　底砂使用的是小顆粒土壤，背面則藉造形材與漂流木打造出凹凸感。種在底面的寶石蘭葉紋優美，是這個作品的主角。此外地面覆蓋著大灰苔、種有腎蕨。複雜地形的背面則種植了伏石蕨、捲葉鳳尾苔、地錢、迷你矮珍珠等，打造出植物茂密的背景。

從上往下看，擷取出各種植物生機盎然的自然氛圍。

以著生蘭為主角，
活用高低差的配置

　　主角是著生在軟木上的風蘭。風蘭是蘭花的一種，會伸出粗大的氣根著生在樹木或岩石上。攀在樹木上的根看起來強而有力，能夠帶來極富動態感的景觀。此外，風蘭會在初夏開花，擁有白色或粉紅色的花朵。

　　使用的箱子是壓克力材質的縱長型（VR20 ／ Arion Japan ／ W20×D20×H38 cm），優點是獨特的排水構造，下方設有排水盤，能夠輕易排掉多餘的水分，防止植物爛根。

　　打造出的地形活用了箱子的縱長形狀，漂流木與軟木片等都是豎直立起，藉此演繹出頗具高度的景觀。沿著漂流木設置藤蔓類植物後，將風蘭固定在軟木板上，用熱熔膠將莫絲黏在地表上，接著種植耐乾燥的多肉植物十二卷屬類，賦予整個景觀變化。平常則要勤加對植物噴霧，並藉LED燈等給予光照。

下方附有排水盤，所以能夠盡情澆水。使用VR20時，建議在設計上多活用高度。

圖示為讓風蘭或藤蔓類植物著生在軟木或漂流木上的方法。此外種植的十二卷屬類是在多肉植物中較不怕水的硬質葉型。

用大箱子打造的
生態缸

接下來要介紹以偏大生態缸專用箱打造的作品。空間愈寬敞，能夠栽種的植物就愈多，整體景觀會更加豐富。請盡情發揮想像力，設計出獨具風格的生態缸吧。

配置在漂流木表面的庭園白髮苔。

地表布滿了從種子開始培育的覆地植物。

細葉型的鐵蘭屬中,有許多適合生態缸的種類。

以茂密綠意覆蓋
每個角落的世界

　　使用的是寬60cm的生態缸專用箱(W60×D45×H45cm),底部設有排水結構,整體景觀極富魄力。大大小小的植物從線條強勁的漂流木間探頭,讓人一眼就可看出生長狀態。冷水花與粉藤等伸出了長長的莖,獅子葉型的鐵角蕨與庭園白髮苔著生在中央的漂流木上,背面則設置了EpiWeb與Hygrolon,並有茂盛的反葉擬垂枝蘚遍布各處,整幅景觀都極富可看性。

　　日常照料需要充足的光線,也要注意別讓水乾掉。但是大型生態缸的好處是能夠設置自動供水的噴霧系統,照料起來反而更輕鬆。

獅子葉型的鐵角蕨從漂流木縫隙探出許多葉片。

箱子背面使用了吸水性卓越的塑形材「可植君」，並切割成山谷形狀。

迷人的繽紛色彩與花紋，
以鳳梨花為主題的配置

　　這個作品以洋溢著異國風情的鳳梨花為主題，使用的箱子是Square Cage Pro（ZERO PLANTS ／ W30×D30×H45cm），背面設有排水口、頂板則有能夠固定噴霧系統的開孔。

　　固定在漂流木上的是積水鳳梨，由於擁有能夠儲水的葉筒，所以不必使用土壤，只要纏在漂流木等就能夠生長。但是地生型鳳梨就和一般植物相同，必須種在土壤裡。這裡使用了積水型的多種彩葉鳳梨，以及蜻蜓鳳梨－ nudicaulis、地生型的多種小鳳梨，形成了多采多姿的作品。

完全使用偏好水邊的植物

以水陸缸也會用的南美爪哇莫絲、辣椒榕、胡荽為主，岩石區搭配了圓葉茅膏菜，背面則種有匍莖榕。另外運用了 EpiWeb Panel、造形材與熔岩石，交織出栩栩如生的水邊景色。

屬於食蟲植物的圓葉茅膏菜，偏好水邊環境。

讓人聯想到叢林的
配置與植栽

使用了壓克力箱（VR30 ／ Arion Japan ／ W30
×D30×H45 cm），背面裝有軟木板，底材僅鋪設
厚厚一層土壤。由於多餘的水分會流到下方的托
盤，因此底面不需要輕石或沸石。

配置特徵是將樹齡40年的吉貝木棉根部配置
在中央後方，形狀令人聯想到極富分量感的熱帶雨
林大樹粗根。接著以此為骨架，在左右上下各個角
落都種滿植物，均衡配置彩葉鳳梨、羽裂蔓綠絨、
朱蕉、腎蕨類、赤車、南美天胡荽等各具特色的植
物，並藉枝葉交疊表現出深遠的世界。

在箱內由下仰視。葉片的交疊狀態與陰影，讓中央的
吉貝木棉更像一棵大樹。

多餘的水分會流到托盤，只要
抽出托盤就能夠輕鬆倒水。另
外也可以讓水留在裡面，維持
箱中溼度。

攬入小型食蟲植物，
打造出魅惑景觀

　　植栽主角是豬籠草、瓶子草這兩種食蟲植物。這些能夠捕蟲的植物形狀相當有特色，觀賞價值極高，獨特的氛圍更是讓人聯想到未知的叢林深處。食蟲植物多半偏重水分（尤其是小型種），因此用在生態缸會很方便管理。

　　使用的箱子是 Arion Cage VR30（Arion Japan ／ W30×D30×H45cm），背面設有軟木板，底部鋪設厚厚一層 Aqua Soil，多餘的水分會流到下方托盤，能夠輕鬆兼顧排水與適當溼度。背面纏上了小葉薜荔、黑胡椒sp.，並配置有翼狀豬籠草、大灰苔著生的漂流木，另外還種植了白鶴芋、粗肋草、紫瓶子草等。日常建議設置偏亮的照明，並搭配適度的噴霧。

葉片前端的壺狀捕蟲囊極富魅力的豬籠草，小型種也很適合生態缸。

瓶子草是擁有筒狀捕蟲囊的食蟲植物，會自生於溼地。

先讓苔類與藤蔓類植物等著生在漂流木上，再用來妝點生態缸。

前往長滿青苔的森林洞窟，打造陰影遍布的生態缸

　　使用寬60㎝的生態缸專用箱（W60×D45×H45㎝），以及樹枝型的EpiWeb，形塑出極富立體感的結構。

　　背面先設置EpiWeb Panel後，再將樹枝型的EpiWeb從右後配往左前方，接著表面塗抹造形材後貼上爪哇莫絲，另外再種植蕨類、千年健、谷精草、珊瑚莫絲等，打造出滋潤的綠色世界。植物會益發茂密，愈來愈像長滿青苔的森林洞口。

充滿陰影的景觀，儼然就是洞窟的入口。爪哇莫絲長得愈茂密，整體氛圍就愈富韻味。

善加組合天然素材，
均衡配置各種植物

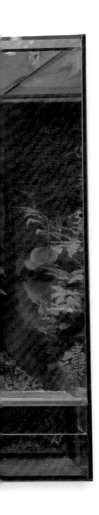

水草缸也會用的鋸齒豔柳強壯好用。

葉片紋路極富特色，讓整體景觀更引人注目的裸柱花，種在石塊底部看起來更加自然。

讓大灰苔著生在鎖水性與吸水性均優的墊材「HYGROLON」，逐漸長成鮮豔的綠色。

　　這也是用寬度60 cm的生態缸專用箱（W60×D45×H45 cm）打造的作品。以樹枝狀漂流木與熔岩石為主，凝聚了許多葉片細緻又令人印象深刻的植物。

　　背面設置EpiWeb Panel後，再覆蓋鎖水性與吸水性均優的Hygrolon，讓大灰苔著生在上方。著生在岩石上的則是偏好水邊的植物「鋸齒豔柳」。另外還種植了圓蓋陰石蕨、星蕨、蘆筍、裸柱花等，還原了天然又涼爽的水邊景致。

藉大型生態缸還原生苔巨木的生命力

　　使用了相當高的生態缸專用箱（W40×D60×H90 cm），由於正面的門框稍微煞風景，所以打造出以側面視角為主的景觀。箱子側面僅單片玻璃，能夠看清楚整體作品。

　　為了活用箱子的高度，以漂流木為骨架，種植了形形色色的植物。由上往下漸寬的漂流木，簡直就像巨木的根部。底材使用的是黑輕石與赤玉土，接著用數枝動物角形狀的漂流木組成一定高度的骨架後，再覆蓋造形材。

　　苔類主要使用的是反葉擬垂枝蘚。樹洞的部分配置了鳳梨花的彩葉鳳梨－ Martin、腎蕨－ Duffii 等，其他還種了匍莖榕、榕屬植物、黑胡椒 sp.、蜜囊花、鍾花苣苔、三叉蕨屬、星蕨、雙蓋蕨屬等。攪入了大量各具特色的植物，形塑出綠意豐沛的景觀。

朝著光線展開葉片的彩葉鳳梨與腎蕨，是充滿自然氣息的植栽。

先用苔類植物覆蓋著漂流木表面後，再纏上榕屬植物等藤蔓類植物。

生態缸
必備用品

欲打造生態缸，除了要準備水缸或箱子等容器外，還需要培育植物的土壤與其他布置材料。市面上售有各式各樣的商品，請先了解各品項的特色後，再依想要打造的生態缸類型選擇適當的商品吧。

Item

附有蓋子的小型水缸，也能用來打造生態缸（Glassterior Fit系列／GEX），有豐富尺寸可以選擇。

適合栽培水邊植物的「hotorie系列」（水作），整組商品包括土壤、布置素材與植物種子等。

Item 01 容器

　　沒有能夠栽培植物的容器，就沒辦法打造生態缸。基本上只要是玻璃或壓克力等材質的透明容器就可以，但是建議選擇能夠密閉到一定程度的類型。藉蓋子或門板等封閉生態缸（沼澤缸），維持內部溼度，有助於維護偏好潮溼環境的植物。不像一般水陸生態缸也可以使用沒有蓋子的容器，這就是兩者之間最大的差異。適合生態缸的植物除了苔類與蕨類外，還有鳳梨花類、食蟲植物、著生蘭、寶石蘭等，不需要花時間澆水，且種在生態缸中狀態更佳的植物出乎意料地多種。

　　容器的尺寸五花八門，從小型到大型皆可運用，小型的甚至還有像附蓋水瓶一樣的造型。現在不少小型容器都有蓋子可以搭配，還能夠種植許多陸上植物。因此只要挪得出小小空間，就能夠透過小型容器輕鬆享受生態缸的樂趣。

　　如果你的目標是正統生態缸的話，則建議選擇生態缸專用箱。專用箱能夠種的植物比小型容器多上許多，還能夠運用各種素材，打造出各具特色的作品。大部分的生態缸專用箱前面都設有可以打開的門，作業起來相當方便。另外也會有維持溼度之餘避免悶熱的適度通風口以及能夠排出多餘水分以預防爛根的排水口，比一般容器多了許多細節跟工夫。尺寸從寬30 cm左右的，到60 cm以上的都找得到。

掌心尺寸的「Bamboo Bottle」，適合以青苔為主的小型主題。

蓋子處附設有LED燈的「Mossarium Light LED」，很適合種植物。LED燈的光線可以調節，包括喜歡的色彩與亮度，裝飾性相當高，還能夠長時間維持植物壽命。

生態缸專用箱（Paludarium cage pro PCP3045／RainForest／30×30×45 cm），具適度的通風與獨特的排水構造，有利於植物的維護管理，此外上方還設有直徑約12 mm的孔，能夠裝設噴霧系統。

硬質赤玉土

不含肥料成分等有機物質的赤玉土是
生態缸的基本用土，建議選擇硬質
型，顆粒才不會很快就崩解。

Aqua Soil

水族缸在用的土壤，雜質吸附性卓越，
每一顆砂粒都很紮實，同樣適合用在生
態缸上。

Item

02 土 壤

　　土壤是讓植物扎根支撐的重要因素，由於
生態缸會積水保持潮溼，因此基本上會選擇不
含肥料等有機物質的赤玉土，並建議選擇顆粒
結構不易瓦解的硬質類型。此外也可以選擇專
為水草開發的 Aqua Soil，不僅能夠吸附雜
質，顆粒也不易崩解。

　　此外為了提升生態缸的排水性，土壤底部
可以鋪設顆粒較大的素材，如輕石、Hydro Ball
等。使用未設排水口的容器時，建議在容器底
部施以少量沸石，以防止爛根。

　　「造形材」也是製作生態缸時非常好用的
道具，這是種能夠自由塑形的土壤，同樣可以
種植植物。打造生態缸時多半用造形材塑造地
形起伏，或是黏在背面、側面等。造形材的鎖
水性很好，有助於苔類植物的養成。因此想在

漂流木或石頭上配置苔類時，只要黏上適度的
造形材即可。

　　鎖水性高的水苔，通常會捲在植物根部；
著生種等則會配置在漂流木與石頭縫隙間。此
外可以藉化妝砂增添變化，或是用水族缸的底
砂、彩砂等覆蓋部分表土，同樣有助於增添風
情。

水苔

鎖水性高的水苔,適合捲在積水鳳
梨等著生植物根部。

黑輕石

鋪在最底部可提高箱內排水性。黑色輕石比白
色輕石低調,所以建議選用。

化妝砂

可用來為作品增添變化。除了水族缸在用的天
然砂以外,也可以運用人工砂等。

造形材

能夠自由塑造形狀,還可貼在生態缸背面或側
面等,適合種植苔類等各式各樣的植物。

熔岩石

多孔質且較輕盈的石材。苔類與著生植物能夠輕易在表面生長，與漂流木的屬性相當契合。

龍王石

略帶青色的色澤與尖銳線條是其一大魅力，很適合用來徵象高原岩石地。

Item
03　天然素材

　　漂流木與岩石等天然素材，對單純用來種植物的生態缸來說非必須品，但是仍有一些非常推薦的品項，請各位務必參考。它們是能夠讓整個生態缸景觀更加優美的最佳配角，也是欲營造自然風情時不可或缺的要素。光是善加配置漂流木與岩石，就能夠演繹出自然氣息，連植物看起來都更加生動，相當不可思議。

　　漂流木與岩石的種類相當豐富，色澤、形狀與質感等各異，請依作品需求選擇適合的類型。舉例來說，想營造森林或叢林氣氛時，就用漂流木當主軸；想勾勒出河畔等水邊景致時，就適度安排岩石。

　　但是要牢記基本原則：同一景色中僅使用同種素材。舉例來說，選擇了動物角形狀的漂流木時，這個生態缸裡的漂流木就要全部都選擇動物角形狀的；採用龍王石的話，就要統一使用龍王石。

　　水族店裡有許多不同種類的漂流木與石頭，購買時應邊想像作品的完成模樣，以利選擇適當的素材。尺寸則應依容器決定。有些商店會準備空水缸等，選購時可以邊搭配邊考慮。

Wood Stone（木石）

質感猶如樹皮，適用於想營造出林木氛圍或是懸崖等的時候。

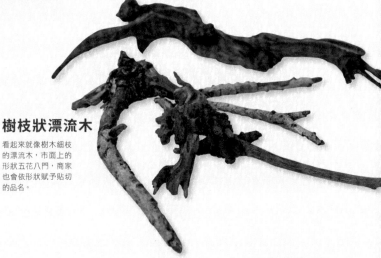

樹枝狀漂流木

看起來就像樹木細枝的漂流木，市面上的形狀五花八門，商家也會依形狀賦予貼切的品名。

軟木樹皮

軟木也是常用的布置素材，平坦型的適合貼在背面，圓筒狀的適合當成切開的樹幹等。

矮生灌木漂流木

有許多細枝往四面八方延伸的樹枝狀漂流木，光是擺一個大型的就充滿視覺效果，很適合小型容器。

EpiWeb

誕生於瑞典的植物著生用海綿素材,平面款很常
用來製作生態缸背景。

Hygrolon

鎖水性與吸水性俱佳的尼龍纖維墊,通常會覆
蓋在EpiWeb的表面,適用於想讓苔類等植物
更茂盛時。

Item
04 人工素材

　　生態缸的基本作法,就是在能夠維持溼度
的玻璃箱中,藉天然或人工素材打造複雜的地
形當作基底,再配置各式各樣的植物。其中一
大魅力,就是能夠用人工素材自由設計,包括
用苔類或藤蔓植物覆蓋的牆面、地表的凹凸或
是拱狀造型等,都能夠隨心所欲打造。

　　其中最具代表性的素材就是EpiWeb。這
是供植物著生的海綿素材,適合打造生態缸的
背景或當成配置輔助。EpiWeb除了平面形狀
外,還有能夠打造出更複雜地形的樹枝狀。此
外Hygrolon是兼具優秀鎖水性與吸水性的尼
龍纖維墊,有助於苔類等的著生。Synthic的
鎖水力很高,可以當成水苔運用,而且不會腐

壞也比較衛生。其他還有拓寬生態缸可能性的
作業板、具高吸水性且可以種植物的可植塑形
材、超細纖維製植栽布等豐富的人工素材。善
加運用這些工具,就能夠打造出兼顧美感與植
物生長條件的環境,延長好照顧的期間。

Synthic

鎖水力很高的人工水苔，不會腐爛，
比較衛生。

Hygrolon 3D
Liana Small

筒狀表面完全覆蓋 Hygrolon，能夠自由折成
想要的形狀。

EpiWeb Branch

樹枝狀的 EpiWeb，用來打造立體
複雜的地形。

活著君

藉尼龍纖維製的特殊結構，帶來高
度鎖水能力的植栽布。植物著生性
優秀，還具有引水的功能。

可植君

可以固定植物的植栽板，供水性能
極佳，能夠讓水分均勻流散至各
處，預防植物缺水。

可作君

用強化保麗龍製成的作業板，能夠
輕鬆打造基底、陸地、打氣機遮
蓋、遮蔽物等。

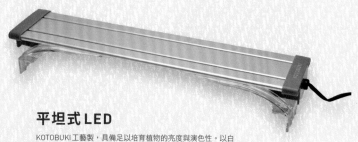

平坦式LED

KOTOBUKI工藝製，具備足以培育植物的亮度與演色性。以白光LED為主，再以紅光與藍光波長為輔，表現出的光線相當自然，能夠促進植物行光合作用。

05 照 明

光線是植物成長的一大要素，因為植物須藉由光合作用獲得能量。將生態缸設在室內時，不管擺在哪裡都必須設置照明。因為就連不耐強光的苔類與蕨類，在昏暗的場所也難以成長。

用小型容器製成生態缸時，可以擺在沒有直射日光的窗邊。以數值來說，就是白天亮度約在500～1000lux的位置，各位可以用手機app的照度計測量確認。必須擺在更暗的場所時，則請運用LED燈，市面上也售有專為植物打造的小型燈具。

使用的是專用玻璃箱時，通常上方都設有LED燈。雖然也可以使用日光燈，但是目前的主流是節能又不占空間的LED燈。

用在生態缸的LED燈建議選用水族箱專用品，市面上的商品五花八門，建議依箱子的寬度選擇喜歡的造型。雖說是水族箱專用的LED燈，主要開發目的幾乎都是幫助植物茁壯，選購時再加以確認照度與波長，確定光線能夠促進植物光合作用即可。

一天亮燈時間約十小時左右，搭配定時器在固定時間開關的話，就能夠打造出有規律的環境。

MULTI COLOR LEDLED

可用遙控調節燈色的高性能薄型LED燈（ZENSUI）。有RGB各色與兩種白光款，都各有十階段可以調整。

LIGHTUP LED

薄型的高輝度LED燈，比一般LED燈更亮，鋁製燈體的散熱性也更佳（水作），軌道型的伸縮設計能夠依據箱子調節長度。

LEAF GLOW

非常適合小型容器的LED燈（GEX），可彎曲的燈臂能夠調整長度與角度，無論什麼樣的容器都能夠以最適當的距離與角度照明。光線是色溫6500K的自然柔光，能夠讓植物看起來更鮮豔。

SODATSU LIGHT

培育植物專用的小型LED燈（GENTOS），會釋放出接近陽光的Ra90光，可三階段調光，並適用於高度30㎝以下的容器。

Komorebi

最適合小型生態缸的立式LED燈（水作），並使用6500K的高輝度LED燈片，不僅適合培育植物還能襯托美感。另外也附有伸縮功能，可以依水缸尺寸調節高度。

Pittera

適合超小型生態缸的LED燈（GEX）。適用於各式各樣的場所，包括沒有日照的客廳或廁所等。

藉噴霧系統的噴嘴噴出細霧，能夠使水分均勻分布至缸內，維持整體溼度。

06 噴霧系統

　　栽培植物的過程中，最需要頻繁執行的就是澆水。尤其生態缸使用的植物都是需要大量水分的類型，溼度管理更是重要至極。維持某種密閉程度的生態缸，為了防止乾燥，維持適當的溼度，一天最好噴霧一次以上。

　　這時噴霧系統就是最強大的夥伴。這種裝置能夠自動產生霧氣，搭配電子計時器的話，還能夠控制一天的噴霧次數與水量，這時裝置會用幫浦或壓縮機吸起儲水槽的水後噴成霧氣。用生態缸培育的苔蘚類、蕨類與其他熱帶性植物都很怕乾燥，所以這種定時噴霧的裝置，有助於維持缸內的溼度。在出差或旅行等無法每天在家照顧的期間，也是很好的幫手。

　　唯一要注意的是，要避免過度供水造成過溼，因為噴霧頻率過高會使內部溼悶，積水還會成為細菌溫床，進而引發爛根的問題。所以請先經過仔細觀察後，再設定噴霧次數與時間

點吧。尤其是箱中未設排水口時，更是必須留意。

　　長時間使用自來水的話，噴霧系統的噴嘴部分會遭鈣質等無機物質塞住，造成噴嘴無法正常使用。所以請記得定期清潔水垢，避免這種情況發生。這時可以用水溶開檸檬酸後，噴在噴嘴上或是將零件浸泡在溶液中再刷，就能夠更快清潔乾淨。此外使用過濾過的RO水等，也有助於防止噴嘴塞住。

能夠製造出細微霧氣的噴嘴，請設置在能夠使霧氣均勻四散的位置。

因為是用定時器管理的噴霧系統，除了供水用的塑膠桶外，建議準備一個排水用的比較安心。

Foresta

整組商品包含高壓幫浦、噴嘴、管子、電子定時器等的噴霧系統（ZERO PLANTS）。高性能的定時器能夠以秒為單位設定。照片中為基本組，是以磁鐵固定噴嘴。

MONSOON SOLO

桶狀噴霧系統（GEX），商品內除了機體本身外，還附有耐壓管、噴嘴、備用噴嘴、吸盤等配件，操作非常簡單，只要接上管子再按下按鈕即可，可以依需求設定噴霧週期與時間。

每天澆水要用的噴霧器與澆水器，
是植物日常照料時最常用的工具。
市面上售有許多不同尺寸、機能各
異的款式可以選擇，請依順手度做
選擇吧。

07 作業用品

　　製作生態缸與整理植物時，需要的工具五花八門。包括修剪植物葉片與根部的剪刀、種植植物或配置苔蘚類時需要的鑷子，只要選購水族缸用來修剪水草的工具就相當好用。另外還有放土時的盛土器、吸走多餘水分用的滴管，製作生態缸前先備妥這些工具會方便許多。

　　植物日常照料需要的工具則有噴霧器與澆水器，這種工具屬於園藝用品，市面上販售的商品非常多，只要選擇順手的即可。

　　此外製作生態缸時會用到的工具還有熱熔膠、矽利康與膠狀黏著劑等，主要會用在將板子貼在生態缸背面，或是固定漂流木與石頭時。在組合石頭時有時也會用水泥黏著，藉此打造出更豐富的形狀。想要創造出更複雜的地形時，可以先用泡棉做出基本形狀後，再將造形材黏在表面加以布置。想要設計出更複雜更自然的生態缸，除了對各種細節的留意與創意外，還可以善用多種工具來幫忙。

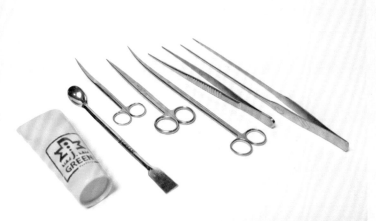

鑷子與剪刀是種植、事前處理、修剪、剪掉重長時的必備工具，選擇照顧水草用的工具就相當好用。其他則建議準備放土時會用到的盛土器。

固定人工素材板的矽利康、固定漂流木與石頭等的熱熔膠以及各種黏著劑。此外要打造複雜地形的話，也可以搭配泡棉。

生態缸
製作方法

找到喜歡的植物，腦中開始想像生態缸的模樣後，就開始動手打造吧！接下來會將生態缸分門別類介紹製作過程，從小缸到大缸的範例都找得到，同時也介紹了一些細節的巧思，各位不妨參考看看。

Process

藉小容器享受
養苔樂趣

能夠擺在餐桌或書桌上裝飾的小型苔蘚類生態缸。這裡使用的是由兩個小玻璃缸組成的Bamboo Bottle S2（W27×D11.5×H18 cm），主題是由造形材打造的三座山。這邊刻意在前方製作小山，以打造出深邃空間感的視覺效果。

將兩個 Bamboo Bottle S2 玻璃缸擺在一起後，放入黑輕石。

放入 Aqua soil（育之土）直到從前面看不見黑輕石為止。

將土壤整理成往背面傾斜的形狀後噴霧。

藉造形材造山，將最大的山配置在中央，兩側則各配置兩座小山。

使用的是包氏白髮苔，莖太長的話就用剪刀修掉下部枯萎的部分。

用鑷子配置苔蘚類植物，覆蓋在造形材的表面。

用包氏白髮苔覆蓋側面的小山。

中央的山同樣要用包氏白髮苔一點一點慢慢貼上。

用造形材製成的山完全被青苔覆蓋，變成綠色的山了。

加上莖很長的檜蘚，並擺成從側面往中央延伸的模樣。

用小刮勺在前面製造少許空間以擺入化妝砂。

將 TROPICAL RIVER SAND（化妝砂）倒入前方空間即大功告成。

02

運用高低差的
景觀

用附設LED燈的玻璃容器（Mossarium
Light LED ML-1 ／ Φ18×H25cm），挑戰苔蘚
類生態缸。形狀特殊的容器，同樣能夠享受豐富
的配置。這裡用軟木與造形材打造高處，演繹出
與中央空間之間的高低差，形成本作品的重點。
這裡使用了四種苔蘚類，包括包氏白髮苔、庭園
白髮苔、檜蘚與捲葉鳳尾苔。藉由各具特色的苔
蘚類，打造出富含變化的景色。

使用的「Mossarium Light LED」附設 LED 燈，能夠調節光線的亮度與顏色。

容器底部容易積水，所以先放入黑輕石。

在黑輕石上方覆蓋 Aqua soil（育之土）。

整平土壤後噴霧，充分打溼土壤。

將兩塊軟木分別配置在左右，藉由中間留白點出主題。

將造形材擺在軟木後方的空間，讓整體畫面更加均衡。

由上方開始配置苔蘚類，並以包氏白髮苔為主。

左前方擺設的是別具風情的捲葉鳳尾苔。

前方是包氏白髮苔，後方是庭園白髮苔。將細緻葉片配置在後方，就能夠強調出遠近感。

接著種植頗具特色的檜蘚以增加變化。

僅使用苔蘚類植物的生態缸大功告成，是幅仿效懸崖的景色。

用方形水缸打造
立體草原

　　使用長寬高均為30㎝的正方體水缸（crystal cube 300），並準備多塊質感猶如木材的Wood Stone後，用水泥連接。此外藉由形狀略帶不安定感的基底，形塑出大膽的陰影，交織出極富欣賞價值的景觀。並以擁有迷人明亮色彩的大灰苔覆蓋整體，再種植也可以當成水草使用的水榕與辣椒榕。

準備邊長30cm的正方體水缸，這裡選擇的是附蓋子的款式。

在容易積水的整面底部鋪滿黑輕石。

放入硬質赤玉土（赤玉Soil）。

用赤玉土覆蓋到從正面看不見黑輕石，並稍微朝背面傾斜。

擺上Wood Stone，木材般的質感頗具魅力。接著再依此思考整體配置。

使用的水泥（Scaping Cement），是海水缸或珊瑚缸在黏著活石等的商品。

朝著粉末狀的水泥慢慢加水，確實拌成泥後再使用。

黏著時就像在石頭接縫黏上水泥般。

用鑷子等雕刻水泥表面，刻出融入石紋的線條。這部分請趁乾燥前盡快完成。

在石塊前後都沾上水泥黏起，打造出各種視覺觀感豐富的岩石形狀。

基底也黏上偏小的石塊增加穩定度。

將組好的石塊放進水缸。這裡安排了由左向右，且稍微往斜後方發展的設計。

由主要石塊組成的底部旁邊也要擺上小小的 Wood Stone。

將多塊石頭布置好後，大致架構就宣告完成。

藉噴霧徹底噴溼土壤。

在準備貼上苔蘚類的部分貼設造形材。

除了部分面向前方的石材露出外，其餘位置都貼設造形材。

準備大灰苔。鮮豔亮綠的葉片令人印象深刻。

適度修剪大灰苔後貼上。

用刮刀將水缸前方的苔蘚類壓緊一點。

幾乎貼滿大灰苔，僅保留部分石塊質感。

主要石塊組上方也貼滿大灰苔，讓整體景觀融合在一起。

準備適合種植的植物，分別是咖啡榕與辣椒榕等。

用鑷子在準備種植辣椒榕的位置挖洞。

用鑷子夾起辣椒榕後種到洞中。

接著將咖啡榕種在前方。

右邊的石塊組附近也種植咖啡榕與辣椒榕。

主要石塊組後方種植細葉的辣椒榕。

景觀立體的生態缸完成。接著建議蓋上蓋子，平常也要勤加噴霧。此外也要備妥照明，植物才能夠生長。

用大型玻璃缸
打造正統生態缸

用寬60cm的專用箱（Paludarium cage pro PCP6045 ／ RainForest ／ W60×D45×H45cm）挑戰製作正統生態缸！

從背板設置到植物栽培都下足工夫。首先以魄力十足的漂流木打造出基本架構，再用EpiWeb、Hygrolon與造形君打造牆面後，配置爪哇莫絲與圓蓋陰石蕨。另外讓鳳梨科著生在漂流木上，底部則種植粗肋草與苦苣苔等地生種，植物根部還有曲尾蘚與大灰苔，共同交織出鮮豔的綠色景觀。

在背板要用的整面EpiWeb上，等距沾上褐色矽利康。

將EpiWeb貼在專用玻璃箱背面。

寬60cm生態缸背面貼好EpiWeb的模樣。

剛開始先將背面放在底下會比較好處理。由於EpiWeb的上側要覆蓋Hygrolon，所以要先用熱熔膠固定。

用水充分溼潤整體背面後再覆蓋造形材。這時背面放在底下的話，做起來就很輕鬆。

玻璃缸恢復正常方向時的狀態。背板下側會用土壤等蓋住，所以不必設置造形材。

用盆底網擋住玻璃缸下方排水孔的出口後，再倒入土壤。

底部擺上顆粒較大的黑輕石。黑輕石的通風與排水都很好，有助於排水順暢。

黑輕石的高度要達到能夠完全覆蓋排水孔的狀態。

依玻璃缸的尺寸選擇適當的漂流木。這時要用多個同種的漂流木組成，才不會造成質感不一致。

組合漂流木。這時要顧及擺放方式、方向以及整體配置。

部分漂流木靠在背板上。

漂流木設置完成。整體組合刻意打造出從左後往前方漸寬的空間感。

放入赤玉土（赤玉 Soil）後整平表面，這時選擇硬質赤玉土會比較持久。

透過噴霧等加水方法，使土壤完全溼潤。

先從牆面開始植栽。首先用剪刀將爪哇莫絲的莖修細。

用手指按壓的方式，將修好的爪哇莫絲貼在背面。

種好爪哇莫絲的狀態。等爪哇莫絲長大後，整面牆就會充滿綠意。

準備的植物要保有適合種植的根部，接著用沾溼的Synthic捲住根部。

用Synthic捲好鳳梨科的根部後，插進漂流木的凹陷處。

將鳳梨科種入凹陷處，並要注意別讓根部露出來。

沒有凹陷處時，可以用包裝用鐵絲將鳳梨科的根部固定在漂流木上。

將U型夾戳進圓蓋陰石蕨的根部，以利種在生態缸背面。

將根部的U型夾戳進背板，就能夠依規劃配置。

在漂流木上的三處設置了鳳梨科，並在背板的兩處種植圓蓋陰石蕨。

在地表種植粗肋草等地生種。

除了粗肋草外，還在底部種了苦苣苔。

主要植栽大功告成。

植物周邊設置造形材以貼上苔蘚
類。

在造形材上配置曲尾蘚，這種植物
能夠形成柔軟群體。

同樣在地生種四周貼上曲尾蘚。

漂流木植物附近也設置造形材。

這裡使用了色彩明亮鮮豔的大灰
苔。

充分噴霧後即大功告成。這裡藉陰
影襯托出整體立體感，同時也讓人
期待未來的生長。

設置了兩支60cm缸專用的LED
燈，為植物提供足夠的照明。

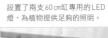

適合生態缸的植物目錄

偏好水分、不耐寒、不需要強光的植物,最適合種在生態缸裡。除了苔蘚類之外,還有鳳梨科、秋海棠、食蟲植物與蘭花等各式各樣的植物都很適合生態缸。

Plants

何 謂 適 合 生

生態缸會使用玻璃箱或水缸等，打造出一定程度的密閉空間，並在此種植植物。適合生態缸的植物到底有那些呢？只要從植物的尺寸、生長必須條件（溼度、溫度與光線）去思考就能夠明白了。

首先就從植物尺寸來看吧。想要在有限空間裡混種多種植物的話，就要盡量選擇偏小的類型。雖然日後會長太大的類型也不適合，但是也有能夠透過修剪維持小尺寸的植物。市面上有許多小盆觀賞植物，各位不妨善用。

態　缸　的　植　物

　　接下來是溼度與溫度。生態缸必須保有高溼度，所以應選擇偏好
水分的類型。由於生態缸會形成溫室般的環境，全年溫度都會偏高，
所以植物會以熱帶植物為主，避免追求涼爽與溫差的山野草或高山
種。最後是光線，這裡建議選擇不需要太多日光的植物。雖然需要強
光的植物比較難種，但近年LED燈的性能愈來愈高，拓寬了植物的
選擇範圍。各位在選擇生態缸的植物時，就請以這些條件為主吧。

苔蘚類

　　據說苔蘚類植物是最早適應陸地生活的植物，分成苔類、蘚類與角苔類，幾乎都是偏好陰影處與高溼度的種類，因此很適合種在生態缸裡面。此外這也是最適合營造出自然氛圍的植物，尺寸也很小，適合空間偏窄的生態缸。苔癬類植物的種類豐富，為生態缸選擇時就挑陰性且偏好水分的種類即可。這裡推薦的是大灰苔、短肋羽苔、庭園白髮苔、灰葉長喙苔、澤苔與爪哇莫絲等。

庭園白髮苔
Leucobryum juniperoideum

白屈菜科。偏好高溼度但也耐乾燥，強壯且容易生長，很常用在庭園或盆栽等。葉片比本種更長的包氏白髮苔是近緣種。

大灰苔
Hypnum plumaeforme

廣泛用在苔球等的植物，栽培容易，有照到微亮的光線就能夠生長，但是要避免遭水淹沒。

短肋羽苔
Thuidium kanedae

黃綠色葉片的形狀和兔腳蕨很像，會生長在半
日陰的潮溼岩石等，是強壯好用的代表性苔
類。

日本曲尾苔
Dicranum japonicum

會在半日陰的溼潤土壤或樹木根部等群生，莖
為幾乎沒有分岔的直立型，屬於大型且明顯的
種類。和曲尾蘚、節莖曲柄苔都是曲尾苔科。

梨蒴珠苔
Bartramia pomiformis

有許多球狀的孢蒴，相當可愛。棲息在半日陰
附近會稍微受到日照的潮溼場所，乾燥時葉片
會迅速縮起，要特別留意。

捲葉鳳尾苔
Fissidens dubius

如鳳凰羽毛般的苔類。會群生在日照偏少的潮
溼場所，不太耐高溫，溼潤的葉片會散發光
澤，相當優美。

蕨類

蕨類植物會透過維管束傳輸水分與養分，再透過孢子繁殖，介於苔蘚類植物與種子植物之間。種類繁多，分成許許多多的系統，其中萬年松、松葉蕨、山蘇花等觀賞價值高的植物自古就有在栽種。通常蕨類不耐環境變化，但是市面上也有許多強壯種或小型種，選項相當豐富，是打造生態缸時不容錯過的植物。

腎蕨－Duffii
Nephrolepis cordifolia 'Duffii'
葉身細長的小型園藝種。色澤明亮的羽狀葉片，會以放射狀的方式往外擴張。

對開蕨
Asplenium scolopendrium
廣泛分布在溫帶地區，生長於帶溼氣的落葉樹林與昏暗懸崖等。

日本巢蕨－萊斯利
Asplenium antiquum 'Leslie'
特徵為波浪形的葉片尖端有分岔。是很受歡迎的奇異植物。

芽孢鐵角蕨
Asplenium bulbiferum
與葉片精緻顯眼的日本巢蕨為同屬植物，又稱母親鐵角蕨。

東洋蹄蓋蕨變種
Deparia petersenii var.
會群生在溪谷潮溼石壁暗處等的小型著生蕨，要注意避免乾燥。

澤瀉蕨
Hemionitis arifolia
心形葉片相當獨特的小型蕨類，很怕乾燥，所以應種在能夠保有一定溼度的環境。

波士頓腎蕨－ Lime shower
Nephrolepis exaltata 'Lime shower'
細緻鮮豔的亮綠葉片極富魅力，不會長得很大，適合小型生態缸。

鈕扣蕨
Pellaea rotundifolia
圓葉交錯，枝枒會呈藤蔓狀，不耐直射日光，很適合生態缸。

鳳尾蕨
Pteris multifida
偏好高溫潮溼且無直射日光的場所，狀況好的話會長出許多新芽，變得相當茂密。

異葉小蛇蕨
Microgramma heterophylla
葉片帶有花紋且小巧，會呈藤蔓狀的小型蕨類。

袋鼠爪蕨
Microsorum diversifolium
著生於水邊的星蕨屬，要注意乾燥的問題。

歐亞多足蕨
Polypodium vulgare
日文「オオエゾデンダ(OOEZODENDA)」中的デンダ(DENDA)是蕨類的古名。這是自古就有的種類，較耐乾燥。

闊鱗耳蕨
Polystichum rigens
耳蕨屬的小型蕨類，強壯容易生長，也能夠用在小型生態缸。

對馬耳蕨
Polystichum tsussimense
生長在溪谷旁岩壁或石牆，小羽片上有短促但是清晰的紋路。

地耳蕨
Tectaria zeylanica
貼在潮溼地面生長的小型蕨類，生長狀況很好，屬於很好照顧的種類。

秋海棠屬

葉片顏色與花紋相當繽紛，有很多死忠粉絲，整個秋海棠屬中有豐富的品種，洋溢著異國風情。用來打造生態缸的秋海棠以塊根形為主。並以原種為主，都是自生在熱帶雨林中日照不太好的地方。有很多混雜種，因此分類上不太明確。

微籽秋海棠
Begonia microsperma
原產於喀麥隆的秋海棠，柔和的葉片質感與明亮的顏色相當美麗。

海棠王
Begonia rajah
原產於馬來半島的秋海棠，是在園藝領域也很常見的一般種。

四翅秋海棠
Begonia quadrialata ssp.
原產於非洲的秋海棠，葉片與寬舌萊氏菊類似，莖會長得很長。

變色秋海棠
Begonia vesicolor
原產於中國雲南省的秋海棠，略帶圓弧的葉片與淡雅色彩相當可愛。

綠點秋海棠
Begonia chlorosticta
原產於婆羅洲島，葉片花紋複雜顯眼，非常受歡迎。

秋海棠一 Dewdrop
Begonia 'Dewdrop'
Dewdrop的變異株，有許多圓潤
小巧的葉片。

粉紅驚喜秋海棠
Begonia 'Pink Surprise'
以淡雅粉紅色為特徵的塊根性秋海
棠，建議經常修剪維持小巧模樣。

蔓性秋海棠
Begonia lichenora
小型葉片很可愛的原種，會貼著地
面生長，因此很適合用來覆蓋底
面。

粉點秋海棠
Begonia sp.
葉片表面有粉紅色斑點，非常受歡
迎。

秋海棠的一種
Begonia sp.
細長葉片與桃紅原點，形塑出美麗
的視覺效果。

銀河秋海棠
Begonia variabilis
是擁有前端尖銳細長的葉片，與細
緻銀河花紋相似的品種。

蝴蝶秋海棠
Begonia amphioxus
粉色斑點散布在細長葉片上，是非
常優美的品種。

二回羽裂秋海棠
Begonia bipinnatifida
原產於巴布亞紐幾內亞，特徵是裂
痕很深的葉片。深褐色的葉片與紅
色的莖，形成美麗的對比。

藤蔓植物

會攀附在樹木表面等的藤蔓植物，幾乎分布在溫暖地區。熱帶叢林就有許多藤蔓植物，會攀爬到巨樹的高處。藤蔓植物攀附的方式依種類而異，有些是以根部等纏繞，有些則有吸盤等構造。

所以打造生態缸時，將藤蔓植物纏在漂流木，就能夠營造出原生林的氛圍。最常用的就是小葉薜荔類、眼樹蓮屬與藤芋屬等，這些植物的葉片都很小，相當方便使用。

小葉薜荔－園藝栽培種
Ficus pumila 'Minima'
小葉薜荔的小型變種，屬於廣泛分布在溫帶的榕屬。耐陰性很強，很好照顧。

眼樹蓮屬
Dischidia.sp
分布在東南亞與澳洲的藤蔓形多年草，適合半日陰，冬天也應保持在10℃以上。

黑胡椒 sp.
Piper sp.
黑胡椒屬的一種，會不斷伸長藤枝。有些種類的葉片還會有不同色彩或花紋。

花葉龜背竹
Monstera dubia
原產於中南美洲的天南星科，在野生環境下會攀附大樹樹皮等，並密密麻麻覆蓋表面。

豆瓣椒草
Peperomia emarginella
細緻柔軟的葉片隨著藤枝伸出的椒草，最適合小型生態缸。

匐莖榕
Ficus thunbergii
常綠的藤蔓型矮樹。特徵是帶有裂痕的小型葉片，看起來就像楓葉。強壯好照顧。

越橘葉蔓榕
Ficus vaccinioides
半藤蔓型的榕屬植物，會適度分枝往外擴散，很適合當成生態缸的配角。耐陰性也很強，非常推薦。

鈕扣藤
Muehlenbeckia complexa
又稱鐵線草的一般種。莖會往上延伸，分枝也相當細密。

紅樹屬
Rhaphidophora sp.
天南星科。原產於東南亞的紅樹，耐陰性卓越，在偏暗的場所也能夠不斷生長。

藤芋屬
Scindapsus sp.
印尼穆納島產的藤蔓植物，葉片小型且具凹凸感，強壯且繁殖力旺盛。

積水鳳梨

　　鳳梨科（Bromeliaceae）是原種有60屬1400種的單子葉植物，幾乎分布在中南美、西印度群島等熱帶與亞熱帶地區。

　　彩葉鳳梨屬、鶯歌鳳梨屬、附生鳳梨屬、水塔花屬、球花鳳梨屬、小花鳳梨屬、心花鳳梨屬、嘉寶鳳梨屬、星果鳳梨屬、魁氏鳳梨屬等都屬於積水鳳梨。積水鳳梨的根部能夠自我固定，幾乎不需要從這邊攝取水分或養分，中央有能夠儲水的巧妙囊筒，會接住雨水或藉由沉澱的有機物吸收水分與養分。

積水鳳梨－火球
Neoregelia 'Fireball'
葉長約10～15cm的小型種，是很適合生態缸的栽培品種。葉片在光線照射下會變紅。

大斑紋積水鳳梨
Neoregelia punctatissima
細身且緊密的積水鳳梨，特色是葉片中的紅紫色斑點或橫紋。

少花積水鳳梨
Neoregelia pauciflora
分布在南非熱帶至亞熱帶地區而非南美，屬於鳳梨科的一種。

鶯歌積水鳳梨
Vriesea gigantea
型體偏大的鳳梨科，新葉表面會出現美麗的綠色網紋。

桑德斯鶯歌積水鳳梨
Vriesea saundersii
銀葉為特徵的鶯歌積水鳳梨，葉片上帶有紅紫小斑點，是原產於巴西的中型種。

擎天鳳梨－ Teresa
Guzmania lingulata 'Teresa'
小型的擎天鳳梨，在園藝店不太受歡迎，卻是最適合生態缸的一種，會開出紅色的花。

附生鳳梨－
Correia-araujoi
Aechmea correia-araujoi
葉紋非常美麗的附生鳳梨。附生鳳梨通常不會長得太大，很好照顧。

積水鳳梨－
Darth Vader
Billbergia 'Darth Vader'
深色葉片中帶有白色線條，非常受歡迎。會長得很大，所以適合大型生態缸。

魁氏鳳梨－
Tim Plowman
Quesnelia marmorata 'Tim Plowman'
葉尖會捲起的魁氏鳳梨，葉紋非常美麗。

水塔花鳳梨－
Moulin Rouge
Billbergia 'Moulin Rouge'
筒狀積水鳳梨，非常受歡迎，接受的光照愈強，粉紅色就愈明顯。

地生型鳳梨

會積極朝地面扎根，與一般植物相同，都是用發達的根部系統吸收水分與養分。除了偏好潮溼環境型（生長在熱帶低地的雲霧林帶）之外，還有具多肉葉質的偏好乾燥型、山岳型（自生在標高很高的冷涼地區）。生態缸主要建議選擇第一種。地生型鳳梨中最具代表的有硬葉鳳梨屬、小鳳梨屬、刺矛鳳梨屬、普亞鳳梨屬等。

絨葉小鳳梨
Cryptanthus bivittatus
小型好照顧的小鳳梨，紅色的鮮豔葉片，非常適合當成視覺重點。

**小鳳梨－
Absolute Zero**
Cryptanthus 'AbsoluteZero'
深綠色與銀色條紋相當優美的栽培品種，養得好的話會長得很大型。

**小鳳梨－
MoonRiver**
Cryptanthus 'MoonRiver'
園藝種，黃綠中帶紅的葉色非常漂亮，很適合種在生態缸。

**小鳳梨－
PinkStarlite**
Cryptanthus 'PinkStarlite'
帶斑紋的小型種。偏好水分，適合種在生態缸與沼澤缸。

Brevifolia 厚葉鳳梨
Dyckia brevifolia
原產巴西，耐乾燥，能夠撐過夏季炎熱與冬季
寒冷的厚葉鳳梨強健種。

Magnifica 厚葉鳳梨
Dyckia magnifica
巴西產的原種，葉質很硬，葉刺很大，喜歡偏
強的光線。

Fosteriana 硬葉鳳梨
Dyckia fosteriana
巴西產的硬葉鳳梨，葉片較細，銀葉很美，照
到強光會染上紅褐色。

Linearifolia 硬葉鳳梨
Dyckia linearifolia
葉片較細，整體帶有粉紅色，表面為粉末狀，
使得整體色澤看起來泛白。

虎斑莪蘿
Olthophytum gurkenii
頗厚的葉片搭配銀色的鋸齒紋相當優美。

Tillandsioides 銀葉鳳梨
Hechtia tillandsioides
原產於墨西哥，葉片細長，尖刺發達，葉片表
面有白色毛狀體，因此散發出銀光。

空氣鳳梨

空氣鳳梨是鳳梨科的一種，鐵蘭屬與部分附生鳳梨隸屬其中。空氣鳳梨和積水鳳梨一樣都會著生在樹木等，但是沒有自己的儲水部位，而是以葉面吸收水分，因此具備相當發達的鱗片——毛狀體，藉此吸收空氣中的水分。布滿毛狀體的植物外觀會呈銀色偏灰，又稱為「鐵蘭（空氣鳳梨）銀葉種」。

空氣鳳梨依自生環境，發展出各式各樣的水分與養分吸收法，最後呈現如此迷人的模樣。

小精靈空氣鳳梨
Tillandsia ionantha
原產於中美的空氣鳳梨，生長快又強健，很適合生態缸。

海膽空氣鳳梨
Tillandsia fuchsii
細緻的銀葉往四面八方延伸的空氣鳳梨，原產於瓜地馬拉，但是不太耐夏季炎熱。

白翼空氣鳳梨
Tillandsia didisticha
自生於南美，種類豐富，尺寸五花八門。生長較慢，從冒出花芽到開花可能需要半年。

卡博士空氣鳳梨
Tillandsia scaposa
與小精靈空氣鳳梨相近，很好照顧，會開出紫色筒狀花，必須留意夏季高溫。

艷后空氣鳳梨
Tillandsia globosa

原產於巴西的空氣鳳梨，偏好水分，乾燥的話
很快就會衰弱枯萎。

蘿莉空氣鳳梨
Tillandsia loliacea

超小型空氣鳳梨，分布在南美，相當
好栽種。會藉由自花授粉開出很香的
花。

香檳空氣鳳梨
Tillandsia chiapensis

原產於墨西哥。生長速度偏慢，不開花也會結出
子株。是很耐乾燥的強健種。

多國花空氣鳳梨
Tillandsia stricta

生長速度快且強壯好照顧，偏好水分，很適合
生態缸。

蘇黎世空氣鳳梨
Tillandsia sucrei

原產於巴西。開出的花以整體來說偏大，能夠
著生在漂流木等。

三色花空氣鳳梨
Tillandsia tricolor var.

葉片為大紅色的品種，照到強光時會變得更
紅。雖然偏好水分，但也很耐乾燥。

食蟲植物

食蟲植物會引誘昆蟲靠近後捕食，並消化吸收的植物。目前已知全世界有12科19屬，其中最有名的就是補蠅草（Dionaea）與豬籠草（Nepenthes）。補蠅草在昆蟲靠近時會瞬間蓋上兩片葉子，豬籠草則會讓昆蟲掉進捕蟲籠後消化。

所有食蟲植物都偏好水分，因此能夠種在環境潮溼的生態缸。但是大部分捕蟲植物都偏好陽光，所以準備的照明愈亮愈好。食蟲植物的獨特形狀，能夠為生態缸的景觀增添變化。

叉蕊毛氈苔
Drosera schizandra
自生在熱帶雨林，會藉著葉片黏液捕蟲，不需要太強的光線。

捕蠅草
Dionaea muscipula
進化至能夠以兩片葉子捕蟲的植物，全部僅1屬1種。自生在北美，春天時會開出白色的花。

紅根毛氈苔
Drosera erythrorhiza ssp.
葉緣的紅線很美，形狀就像手掌。

翼狀豬籠草
Nepenthus alata

豬籠草的代表性品種,市面上最為流通。耐熱也耐寒,是很好照顧的強健種。

萊佛士豬籠草
Nepenthes rafflesiana

分布在婆羅洲島與馬來半島,捕蟲籠為淺綠中帶點粉紅或紅色斑點,色彩分布五花八門。

蘋果豬籠草
Nepenthes ampullaria

擁有小小圓形的捕蟲籠,稍微不耐寒,所以全年要維持15℃以上。

土瓶草
Cephalotus follicularis

自生在澳洲的食蟲植物,全部為1科1屬1種,喜歡非常潮溼的環境,適合生態缸。

巨大捕蟲菫
Pinguicula gigantea

葉片裡有許多大理石紋路的品種,喜歡較乾燥的場所。

圓花捕蟲菫
Pinguicula rotundiflora

原產於墨西哥的小型種,必須種在排水良好的土壤。

白網紋瓶子草
Sarracenia leucophylla

日本名為網目瓶子草,特徵是葉片上方的網紋。

黃瓶子草
Sarracenia flava var.

瓶子草屬,自生於北美溼地,擁有美麗的深紅色。

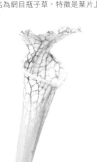

紫瓶子草
Sarracenia purpurea

分布在加拿大至美國東部的瓶子草,草身低矮,短胖的捕蟲葉相當獨特。

其他植物

適合生態缸的植物還有非常多種，選擇關鍵就是小型、偏好潮溼環境、不需要強烈日照，葉片形狀、色彩、生長狀態等都可以依喜好決定，自由搭配出理想的作品。

其中寶石蘭、粗肋草等品種豐富且收藏樂趣高的植物也很受歡迎。此外，昂貴的品種選擇單植管理會比較安心，畢竟生態缸的樂趣就是栽種植物，不過要是能善加利用各種植物的特性更能打造出華麗的景觀，藉此為自家增色。

迷彩粗肋草
Aglaonema pictum
原產於東南亞，是天南星科的觀賞植物，價格會隨著葉片色彩與花紋而異。其中最受歡迎、價格最高的就是三色型。

皺葉椒草
Peperomia caperata
椒草矮性種，深紅色葉片相當迷人，散發出獨特的存在感。

馬賽克竹芋
Calathea musaica
原產於巴西。葉片細紋猶如馬賽克的珍稀品種，人稱最美的熱帶植物。

石菖蒲

Acorus gramineus

將菖蒲改良成小型的黃葉品種，喜歡半日陰的潮溼環境，很好照顧。

姬寒菅

Carex conica

小型常綠葉的薹草，從日照處到陰影處等環境都能夠適應。

蜜妮榕

Anubias minima

市面上流通的蜜妮榕多半是水草類的小型水榕，能夠著生在漂流木或岩石等。

彩葉草－
Tokimeki Linda

Coleus 'Tokimeki Linda'

小型彩葉草。市面上有許多色彩繽紛的小型種。

喜蔭花－
pink heaven

Episcia 'pink heaven'

自生於熱帶美洲的喜蔭花，葉片染有優美的粉紅色。

網紋草－
red tiger

Fittonia 'Red Tiger'

特徵是火紅色的葉紋，很好照顧。

迷你矮珍珠

Hemianthus callitrichoides

很適合放在水草缸當前景的北玄參科植物，種在水邊也會健康長大。

礬根－
Fire Chief

Heuchera 'Fire Chief'

小型礬根，特徵是鮮豔酒紅色的葉片。

Amagris 竹芋

Maranta amagris

原產於熱帶美洲的多年草，特徵是帶有花紋的銀葉，喜歡半日陰，很適合生態缸。

瘤唇捲瓣蘭
Bulbophyllum japonicum
蘭科石豆蘭屬，初夏會開出紅色
小花的小型著生蘭，算是比較好
照顧的種類。

綠豆豆蘭
Bulbophyllum moniliforme
石豆蘭屬的一種，是分布在東南
亞的著生種，市面上比較罕見，
會開出蘭科特有的小花。

灰綠冷水花
Pilea glauca
喜歡水分的冷水花，葉片很小，很
適合生態缸。

左手香
Plectranthus amboinicus
又名過手香的唇形科多年草，葉片
會散發出類似薄荷的柔和香氣。

寶石蘭－ SeaFoam
Sarcolexia 'SeaFoam'
葉紋散發銀光的蘭科植物，屬於寶
石蘭的一種。

卷柏屬
Selaginella spp.
特徵是柔軟蓬鬆的葉片，屬於卷
柏。但是要特別留意夏季炎熱與溼
悶。

虎耳草
Saxifraga stolonifera
常用來為盆栽增色的小型虎耳草，
很適合放在生態缸內帶出自然的視
覺焦點。

非洲堇一
Hot Pink Bells
Saintpaulia 'Hot Pink Bells'
會開出粉紅色可愛小花的非洲堇，
也很適合生態缸。

六月雪
Serissa japonica
星型小白花看起來楚楚可憐的小型
花樹，屬於常綠低樹，葉片會有斑
點，另外還有重瓣花的品種。

袖珍椰子
Chamaedorea elegans
很普遍的小型觀賞植物，很好照
顧，帶有南國風情。

寶石蘭

屬於葉片美感非凡的洋蘭，天鵝絨質感的葉片上，會分布
白色、黃色與粉紅色等網紋。原種分布在東南亞等地，自生於
森林內的陰溼地表。喜歡較多的水分，適合通風良好的地面。

Anoectochilus 'Bette'

Anoectochilus brevilabris

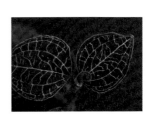

Anoectochilus geniculatus

Anoectochilus roxburghii

Dossinochilus 'Turtle Back'

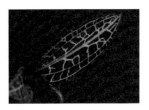

Goodyera hispida

生態缸
栽培管理法

生態缸的一大優點，就是能夠長時間維持良好的植物狀態，照顧起來
也很輕鬆。但是想要維持景觀優美，日常仍必須好好照顧，才能夠享
受栽種植物的樂趣。接下來要介紹的是澆水、施肥、修剪、重整等的
方法。

Cultivate

01 澆 水

基本上種植物時每天都要澆水，只是得視植物特性來決定水量，過多與過少都會造成枯萎。種在盆栽時最常用的澆水方法，就是等土壤乾掉後再大量澆水，但是生態缸屬於密閉環境，所以不需要太頻繁的澆水，一天約噴霧一兩次維持溼度即可。大型生態缸則可以設置噴霧系統，讓裝置自動供水的話就非常方便。

只要土壤維持溼潤狀態就沒什麼問題，但是要是溼到讓底部積水就不好，因為會造成雜菌等繁殖與爛根的問題。生態缸專用箱的底部多半設有排水孔，能夠排出多餘水分。使用的水缸沒有排水設計時，供水時就要特別留意積

水的問題。因此事前在赤玉土等基本土壤下，放置 Hydro Ball 或輕石以及爛根防止劑等會比較保險。

在小缸中長期栽培的話，底部容易累積各種雜質，所以建議每兩三個月就澆多一點水，把雜質沖洗乾淨。

自動供水的噴霧系統。

RainForest生態缸的底部會朝著排水孔方向傾斜以預防積水。

Arion Cage除了能夠排水外，還可以抽出來倒掉。

在小型容器裡倒入偏多的水再倒掉，就能夠沖洗老舊雜質。

觀賞植物用的液態肥料，葉色變淡
時可以使用。

用來預防爛根與調整肥效
的硅酸鹽白土。

葉色泛白褪色的庭園白髮苔。

液態肥料稀釋至1000倍左右再噴霧。

Cultivate

02 肥　料

　　生態缸常用的植物當中，很少需要豐富的
營養，只要有適量的水分與光線就能夠長得很
漂亮。因此基本上不必事先在土壤中施肥。

　　但是有些植物長時間種植後，生長速度會
變慢，葉色也會褪色。這時只要將觀賞植物用
的液態肥料稀釋一千倍後噴霧即可。一下子施
加太重的肥料時，別說效果了，甚至可能奪走
根部水分導致萎縮。此外過度施肥也會造成藻
類生長，所以請酌量慢慢施加後再看情況調
整。

　　另外用來防止爛根與黑腐的硅酸鹽白土
（MILLION A等）中含有礦物質，且具有調整
肥效的功能，和肥料同樣能夠促進生長，可以
善加運用在生態缸。

將長太多葉子的蕨類從根部一根根剪掉。

植物的莖變長後會冒芽，所以從節的偏上方剪掉。

會從節長出根的植物，修剪後可以直接種在生態缸，或是纏上水苔當成表面保護材。

03 修剪

生態缸會混種各式各樣的植物，能否讓各種植物均衡生長就很仰賴技術，這時考驗的就是修剪功力了。不勤加修剪的話，就會讓繁殖力旺盛的植物過度成長，不僅使整體景觀失衡，還會妨礙其他植物的生長。

蕨類等會從根部長出莖的植物一直生長的話，會產生過多的葉片，所以必須從根部適量修剪，另外也可以剪掉過大或是開始枯萎的葉片。若是莖會筆直生長的類型，建議從側芽的上方一些開始修剪，讓側芽能夠再長出葉片。當然也可以選擇節會不斷延伸的類型，並定期剪掉重長即可。無論是哪一種作法，一口氣修剪太多可能導致枯萎，請特別留意。

修剪能夠讓植物重整狀態，有助於恢復活力，長出更鮮艷的葉片。此外勤加修剪可以避免葉片太大，並讓植物維持小巧模樣。所以請視情況經常修剪，讓植物長成最理想的模樣吧。

04 繁殖方法

　　只要用對方法，大部分的植物都能夠輕易繁殖，最常見的方法有分株法與扦插法（根插、葉芽插）。

　　分株法，是將已經長出多芽或子株的部分剪下，仍保有根部與莖葉，能夠確實繁殖，鳳梨類、鐵線蕨、肖竹芋、白鶴芋、腎蕨、竹芋等許多種類的植物都適用。以積水鳳梨來說，開花後會長出許多子株，這時等長到與母株一半大時再剪下來，會比早早剪下還要易於生長。像小鳳梨一般就是用分株法繁殖。分株時切口太大的話，要先靜置幾天等傷口乾燥再種植，就不會爛掉了。

　　扦插法（根插、葉芽插）則是剪下帶有葉片的莖或枝，插在苗床上的繁植法，能夠一口氣獲得許多株。苗床應使用蛭石、赤玉土、鹿沼土等鎖水與排水性都高，且沒有使用肥料的土壤。插完後應放在陰影處管理，避免太過乾燥。接著靜待一兩個月就會發根，接著再依適合該植物的方法換盆。苔類同樣是仔細修剪後放在苗床上，在等待過程中避免乾燥的話，就能夠冒出新葉不斷繁殖。

擎天鳳梨會伸長走莖後長出子株，所以要從根部剪下後，以相同的方法種到土壤上。

小鳳梨同樣等子株長成後，再使用分株法繁殖。

鐵蘭屬不要剪下子株，放任群生的話也很漂亮。

繁殖庭園白髮苔。將莖剪開，每部分維持5～10mm。

底部使用中顆粒的鹿沼土，上方再倒入小顆粒的赤玉土後撒上苔類。撒完後再均勻噴霧，放在陰涼的陰影下管理。

製作完已經一年的生態缸（Paludarium cage PCP3045／RainForest），種了小葉薜荔──園藝栽培種、腎蕨、赤車使者屬、千年健屬、秋海棠、鍾花苣苔屬、斑葉蘭、包氏白髮苔、小壺蘚、檜蘚、短肋羽苔等。

05 重整方法

植物生長是件好事，但是過於茂盛的話，生態缸的景觀就會失衡，整體看起來很窘迫。想要長時間維持漂亮的生態缸，就要在植物長太大時大幅修剪，讓整體景觀重新來過。這裡以已經製作一年以上的生態缸（Paludarium cage PCP3045／W30×D30×H45cm）為例，介紹實際的作業流程。這個作品的背面是EpiWeb Panel，並以漂流木（動物角形狀）布置。

首先要整理葉片量過多的腎蕨，從根部開始修剪以拉出植物生長空間。接著再修剪千年健屬、鍾花苣苔屬等長太大的地生種，並視情況改成插入新芽。接著修剪過長的小壺蘚，有狀態不佳的地方時，就去除整個群體，添加造形材後配置新的小壺蘚。

配合植物的生長狀況與特性後再修整，就能夠讓生態缸猶如穿新衣一樣。

從牆面大幅伸出，所以要剪掉不漂亮的莖與氣根。

修剪葉子過於茂密的腎蕨，增加根部與莖之間的空間。

被腎蕨擋住的秋海棠露出來了。

從接近根部的地方，剪掉已經長出大葉片的千年健屬。

僅留下小巧的子株，大株移到其他盆栽。

從根部附近剪掉鍾花苣苔屬。

光是清除太大的葉片後，看起來就清爽許多。

剪掉因為莖太長而枯萎的小壺蘚。

加上新的造形材，貼設柔葉青蘚。

剪掉鍾花苣苔屬，僅留下從節點伸出的根。

將修短莖的鍾花苣苔屬尖端插回去。

斑葉蘭同樣修短莖後，再把尖端插回土壤。

剪下來的葉子與莖。還可以繁殖的部分，就以扦插法插進另外的盆栽裡。

重整完成。清除了大葉片、將長太大的植物修整好再插回去,僅留下新的小巧葉片,維持整體均衡的美感。

在生態缸
飼養動物

生態缸也可以飼養動物。這種適合植物生長的環境，也很適合動物存活，尤其是喜歡高溼度的蛙類等兩棲動物，更是特別適合生態缸。

01 箭毒蛙

　　棲息地位在中美至南美西北部的箭毒蛙，鮮艷的體色極具魅力。箭毒蛙並非天生有毒，其毒性是在自然界中捕食獵物時因而產生的，因此市面上流通的許多繁殖個體都不具毒性。

　　箭毒蛙棲息在潮溼的熱帶雨林，所以飼養環境也必須維持高溼度與新鮮的水。此外植物既是箭毒蛙的遮蔽物，並與土壤一樣都具有淨化的功能，因此很適合養在配置許多熱帶植物的生態缸。照明是植物不可或缺的要素，對箭毒蛙來說同樣有助於維持適當的日夜規律。適合飼養箭毒蛙的溫度為 25 ～ 28℃，基本上只要藉空調做好控制就沒問題，但是夏季除了冷氣外也可以選擇冷卻風扇，冬季則應用隔熱材覆蓋生態缸，並適度搭配電暖器。

藍染箭毒蛙

最大體型長約6㎝，是箭毒蛙中最大的品種。天性大膽，在飼養環境下不會畏縮，會活潑地四處行動，觀賞價值相當高。照片是名為「粉藍」的品種。

使用 Paludarium cage PCP3045（RainForest ／ W30×D30×H45㎝）打造，重點是有可以讓箭毒蛙自在活動的空間以及安靜棲息的地方。背面與側面都設有軟木，表面覆蓋造形材後就可以栽培許多植物。除了棕櫚莫絲、檜蘚、小壺苔等苔類植物，還有千年健屬、黑心蕨以及藤蔓型的赤車屬等。

飼養黃帶箭毒蛙的生態缸（Paludarium
cage PCP3045 ／ RainForest ／
W30×D30×H45cm），缸中配置了流木以
及圓葉椒草、Blanda椒草、古錢冷水花、月
面冷水花、包氏白髮苔、砂蘚、檜蘚等植
栽。色彩鮮豔的箭毒蛙，在綠意盎然的生態
缸中格外顯眼。

黃帶箭毒蛙

特徵是黑中帶黃的外觀，屬於中型的箭毒蛙。有乾燥期休眠
的習性，所以很耐乾燥，個性也相當大膽不會畏縮，很適合
新手飼養。

迷彩箭毒蛙

擁有很多品種的代表性箭毒蛙，在箭毒蛙
中相對便宜所以普及度較高，個性稍嫌膽
小，飼養初期多半會躲起來。

鈷藍箭毒蛙

如名所述，是全身布滿鈷藍色的美麗箭毒
蛙。適應環境之前比較膽小，習慣之後就
會逐漸出現在人前。

草莓箭毒蛙

特徵是草莓般的優美體色，非常受歡迎。
屬於小型箭毒蛙，雖然看起來很嬌弱，事
實上相當強壯好養。

02 森青蛙

森青蛙是棲息在森林的日本特有種，能夠輕易地養在植物茂密的生態缸，在缸中安排水窪的話會更理想。森青蛙能很好的融入充滿苔蘚類植物的森林，待在極具動態感的漂流木上，看起來就像是個可愛的森林守護者。

這裡在60×30×45cm的reptile cage中打造立體景觀，重現了充滿苔蘚類植物，如同森青蛙原本所棲息的森林。背面用熱熔膠黏上施有凹凸加工的保麗龍，表面再覆蓋上造形材，最後撒上大小不一的富士砂顆粒混在一起，打造出更加自然的風情。缸裡配置了庭園白髮苔、藤蔓植物小葉薜荔等，還有彩葉鳳梨屬、小鳳梨、擎天鳳梨等鳳梨類，以及鹿角蕨、鳳尾蕨、袖珍椰子、變葉木、網紋草屬、槍刀藥屬等。

主要棲息在森林的樹上的森青蛙，會自由自在地在樹枝間跳動。

如此自然的牆面，是用保麗龍、造形材與富士砂所打造而成的。

03 角蛙

眼睛上方處有角狀凸起，故命名為角蛙，是棲息在南美森林等的地表型蛙類。活動力不算強，但是體型較大，所以不建議飼養在太精緻的生態缸。

在此建議將布置重點放在角蛙的頭上。這裡用樹枝狀軟木、EpiWeb的Synthetic、Hygrolon種植白色美人豬籠草、大灰苔、腎蕨－Duffii等之後，再用矽利康黏在寬30㎝的水缸上。

南美角蛙棲息的底面，則鋪滿專用底材（HUSK PEAT／Marukan），並鋪至南美角蛙能夠完全鑽進去的深度，此外也請定期使用噴霧以避免乾燥。這樣一來便可以兼顧將角蛙養得健康，並充分享受種植的樂趣。

鐘角蛙

角蛙代表種。凸起的角不太發達，體型在角蛙中特別圓潤。身體表面基本上是不規律的迷彩紋，顏色則相當豐富。餵食簡單，很好照顧。

南美角蛙

流通量媲美鐘角蛙，色彩種類相當豐富外觀與鐘角蛙相似，但是比鐘角蛙小且凸角比較明顯。

亞馬遜角蛙

背部花紋為主要特徵，色彩種類較少，吃魚的傾向比其他角蛙更強，個性稍微神經質，但是熟悉之後也會接受人工餵食。

04 蠑螈

屬於陸生有尾類的蠑螈，也很適合養在生態缸。自然界的蠑螈一般棲息在偏陰涼且潮溼的環境，所以要定期噴霧避免缸內乾燥。此外蠑螈較耐寒，所以冬天照顧起來也很輕鬆，不太需要電暖器等。比較需要留意的是夏季的高溫問題，室內超過30℃的話最嚴重可能會致死，而這樣的案例並不少見。所以夏季請搭配空調等，將室溫維持在28℃以下。

本作品使用的是寬30 cm的生態缸專用箱，植物以彩葉鳳梨屬、小鳳梨、鐵蘭屬這些鳳梨類為主，並配置了反葉擬垂枝蘚。前方的少許水窪則是要讓缸內的火蠑螈有足夠的活動空間。此外牆面配置了以細枝為特徵的矮生灌木漂流木，為景觀增添變化。

理紋歐螈

擁有華麗的色彩，是近年很受歡迎的小型種。日本有專門的育種家，因此市面上有許多人工養殖種，很輕易就能入手。想要讓其繁殖的話就必須準備小水池。

虎紋鈍口螈

體型較大且種類豐富，是蠑螈中頗具代表性的一種。食慾旺盛且好照顧，對水的依賴程度略高於其他蠑螈。

火蠑螈

廣泛分布在歐洲的美麗品種，擁有許多亞種，在海外市場上主要以人工養殖種為主。

05 豹紋守宮

要說現在最受歡迎的爬蟲類，當屬豹紋守宮（leopard gecko）了。豹紋守宮是原本棲息在西亞乾燥地區的地表型擬蜥屬生物，有許多育種家熱衷於豹紋守宮的品種改良，因此市面上出現相當多獨具特色的品種。

這裡在寬30㎝的生態缸中配置耐乾燥的鐵蘭屬與多肉植物十二卷屬，並用水泥固定木材質感的Wood Stone，演繹出立體的地形。最後再利用石材的凹陷處，種植鳳梨科植物。雖然豹紋守宮偏好乾燥環境，但還是要設置飲水處，並定期為植物噴霧，才是理想的飼養環境。

白黃橘化豹紋守宮。

配置了鐵蘭屬的小精靈空氣鳳梨、卡比他他空氣鳳梨－RED、紅寶石空氣鳳梨等。

阿富汗豹紋守宮

豹紋守宮的原種。身上的細斑與其原始的氣息相當迷人，市面上有一部分屬於人工繁殖種。

少斑橘化豹紋守宮

豹紋守宮的代表性品種。少了許多黑色組織，全身覆蓋著橘色。

超級雪花豹紋守宮

特徵是細小的斑點、白色的身體與黑眼珠的豹紋守宮。

栽培常用

園藝用語集

ㄅ

半日陰
要種在1天僅3～4個小時有日照的場所或樹蔭下。

斑入
植物出現斑紋的狀態，會出現在葉片、花瓣、莖與幹，顏色會與原本不同。

變種
植物分類單位之一，與基本系統不同，但是差異沒有亞種那麼明顯。

ㄆ

培養土
栽培植物用，由赤玉土、腐葉土與肥料等混合而成。

噴霧
使用能將水製成霧氣的裝置澆水。

漂流木
布置用的天然木頭材料，市面上售有豐富的種類與形狀。

ㄇ

苗圃
進行育苗的場所。

埋根
繁殖法的一種，剪下活著根後插進土中，待其發芽或發根。

玫瓣狀
葉片像花瓣一樣，從根部呈放射狀組成。

ㄈ

分株法
分割植株後繁殖的方法之一。會將側芽從地面冒出的宿根植物分成數株。

肥料三要素
農作物要發育需要16種成分，當中主要成分為氮、磷酸與鉀這3種，所以稱為肥料三要素。

腐葉土
落葉堆積並發酵分解而成的土壤，鎖水性與通氣性俱佳，可以與其他土壤混合使用。

ㄉ

多年草
壽命達很多年，會開花結果的草本植物。

氮
與鉀、磷酸並列為肥料三要素，能夠加深葉片顏色並促進發育，因此又稱為葉肥。

ㄊ

特有種
自生於特定地區的種。

徒長
日照或養分不足等因素，讓植物的莖大幅伸長的狀態。

ㄌ

爛根
植物的根腐爛，原因五花八門，可能是供水過多之類造成的。

ㄍ

灌溉
給水。分成地表灌溉、底面灌溉、滴落灌溉、頭頂灌溉等。

歸化植物
專指外來植物中逐漸野生化的植物。

硅酸白土
在底部沒有排水孔的容器種植物時使用，能夠防止爛根，又稱爛根防止劑。

根部過於茂盛
盆中植物根部發展過於茂盛，會對生長產生負面影響。

根缽
植物的根部與土壤在盆栽內部糾纏成塊。

ㄎ

塊莖
在地底肥大化的莖。

塊根
在地底肥大化的根。

ㄏ

花莖
為了開花而伸出的莖。

花序
花梗上的一群花。

化學肥料
化學合成的無機質肥料，主要成分有氮、磷酸與鉀。分成很快見效的速效型，以及長時間慢慢發揮作用的緩效型。

活著
換盆後的苗或是葉芽插法等繁殖出的植物，發根後冒出新芽，並確實扎根成長。

化妝砂
覆蓋在盆栽土壤表面的裝飾砂，最具代表性的是桐生砂與富士砂。

混植
將數種植物混合種在盆栽或花圃。建議依各植物適合的環境、長度與葉色留心搭配，打造出均衡的景

觀。

緩效型肥料
見效速度慢的肥料，包括油粕等。一口氣大量施肥也不會過度傷害植物。

換盆
將變大的植物換到更大的盆栽裡。

鉀
與氮、磷酸並列為肥料三要素，能夠促進根部發育，因此又稱為根肥。

鋸齒
葉緣形成一角一角的尖銳形狀。

結果
花朵受精後結出種子。

節間
葉片著生在莖的部分稱為節，相鄰的節與節之間稱為節間。日照不足時，節間就會變長。

基肥
種植時就已經施加在土壤裡的肥料。

寄植
將多種植物種在同一個容器。

輕石
有助於促進排水，主要放在容器底部的材料。

群生
種植後同類植物大量聚集生長的狀態。有些種類是同一株不斷擴大。

缺水
水量不足甚至完全缺乏，使植物或土壤呈乾燥狀態。

學名
世界共通的植物或動物名稱。會以拉丁語表示，由屬名與種小名組成。

休眠
指因為寒冷或炎熱時而暫時性停止生長。休眠期必須減少澆水頻率，視種類也可能必須斷水。

植株的根部
植物與地面接觸的部分。

著生
植物固定在樹木或岩石等表面後生長。

直根
粗根會筆直生長的性質。

追肥
在植物生長期間施肥。肥料種類、施肥量與次數等都會依植物種類、發育狀況而異，一般會使用速效型肥料。

赤玉土
紅土，是不含乾燥有機質的酸性土，排水與通氣性俱佳，很常用在盆栽上。

授粉
將花粉傳播到雌蕊的柱頭。

生長點
植物生長組織的某個部分，位置（莖的前端、植株根部等）會依種類而異。

施肥
施加肥料。

水苔
將生長在溼地的苔蘚類乾燥製成，鎖水力極佳，可用來防止乾燥等。

栽培品種
經過交配、篩選等人為干預而生的植物，又稱交配種。

造形材
可以貼在容器底面或牆面，能夠自由塑形的土壤，也可以讓苔蘚類等植物著生。

走莖
從親株伸出細莖後，在一定間隔下長出子株。

素燒缽
一般陶器表面會塗釉後再燒製，未

塗釉就稱為素燒，會比一般陶器更透氣。

速效型肥料
見效速度快的肥料。一次施加太大量反而會傷害植物，必須以少量多次的方式添加。

亞種
植物的分類單位之一。特徵沒有明顯到要獨立成一種，但是與基本系統不同時就會歸類成亞種

一年草
一年內就會成為親株，留下後代後就枯萎的草。

液肥
液態肥料。施肥後會立刻見效，所以很常用來追肥。

芽插
剪下芽後插入苗床，以繁殖出新根或新芽。

葉插
剪下葉片後插進土壤，待其生根的繁殖法。

葉片燒焦
強烈光線或缺水導致葉片受傷，轉化成褐色。

幼苗
種子發芽長成的植物，雖然耗費時間較長，卻能夠同時獲得許多苗。

有機質肥料
像油粕、魚肥等含有有機質的肥料。與之相對，化學肥料就稱為無機質肥料。

育苗
播種後至長出苗之前，整頓環境以利生長的過程。

原種
未經人工改良的野生植物。

矮性
植物生長出來的高度，比一般情況還要低。

監修 小森智之

1984年出生於京都府，任職水族專賣店「Aqua tailors 神戶駒之林店」。活用造園概念與水缸搭配技術，打造出多采多姿的生態缸。擅長以大膽構圖搭配精緻植栽，提供許多適合長時間享受的生態缸點子。

Aqua tailors

總店位在大阪府東大阪市的大型水族專賣店，很早就致力於生態缸的推廣。店裡備有齊全的商品，從生態缸專用箱、布置材料到植物等應有盡有。

生態缸製作協力人員

石村一樹（Aqua tailors 東大阪總店）
太田英里華（Aqua tailors 東大阪總店）
龜田紘司（Aqua tailors 神戶駒之林店）
廣瀨泰治（廣瀨PET谷津店）
村上貴則（Arion Japan）
小野健吾（ZERO PLANTS）
青木真廣（AQUA STAGE 518）

取材攝影協力

AQUA STAGE 518、Aqua tailors、AQUA FORTUNE、Arion Japan、KEI'S BROMELIADS、SPECIES NURSERY、ZERO PLANTS、PICUTA、廣瀨PET谷津店、WILD WIND

STAFF

內文設計　橫田和巳（光雅）
攝影　平野威、佐佐木浩之
攝影、執筆　平野威（平野編輯製作事務所）
企劃　鶴田賢二（克連威斯）

PALUDARIUM CHIISANA ONSITSU DE TANOSHIMU GREEN・INTERIOR
©TOMOYUKI KOMORI 2020
Originally published in Japan in 2020 by KASAKURA PUBLISHING Co. Ltd.
Chinese translation rights arranged through TOHAN CORPORATION, TOKYO.

室內綠設計生態缸
從栽培、造景到飼養動物一本搞定！

2020年9月1日初版第一刷發行
2024年9月1日初版第四刷發行

監　　修　小森智之
譯　　者　黃筱涵
編　　輯　吳元晴
美術編輯　黃瀞瑢
發 行 人　若森稔雄
發 行 所　台灣東販股份有限公司
　　　　　＜地址＞台北市南京東路4段130號2F-1
　　　　　＜電話＞（02）2577-8878
　　　　　＜傳真＞（02）2577-8896
　　　　　＜網址＞https://www.tohan.com.tw
郵撥帳號　1405049-4
法律顧問　蕭雄淋律師
總 經 銷　聯合發行股份有限公司
　　　　　＜電話＞（02）2917-8022

室內綠設計生態缸：從栽培、造景到飼養動物一本搞定！/ 小森智之監修；黃筱涵譯. -- 初版. -- 臺北市：臺灣東販，2020.09
128面；14.8×21cm公分
ISBN 978-986-511-452-7（平裝）

1.觀賞植物 2.寵物飼養 3.栽培

435.49　　　　　　　　　　109010969